Marek Jan Kozłowski

The Tajemnice Żaglowców

Marek Jan Kozłowski

The Tajemnice Żaglowców

dla dociekliwych

Wydawnictwo Bezkresy Wiedzy

Imprint
Any brand names and product names mentioned in this book are subject to trademark, brand or patent protection and are trademarks or registered trademarks of their respective holders. The use of brand names, product names, common names, trade names, product descriptions etc. even without a particular marking in this work is in no way to be construed to mean that such names may be regarded as unrestricted in respect of trademark and brand protection legislation and could thus be used by anyone.

Cover image: Provided by the author

This book is a translation from the original published under ISBN 978-613-9-85018-1.

Publisher:
Wydawnictwo Bezkresy Wiedzy
is a trademark of
Dodo Books Indian Ocean Ltd., member of the OmniScriptum S.R.L Publishing group
str. A.Russo 15, of. 61, Chisinau-2068, Republic of Moldova Europe
Printed at: see last page
ISBN: 978-620-0-54412-4

SPIS TREŚCI

1 Rzeczywisty start

Intensywny rozwój sportu żeglarskiego, zarówno wyczynowego, jak i rekreacyjnego, na morzu i wodach wewnętrznych, wymaga zaangażowania ważnych mediów badawczych w problematykę ruchu żaglowego statku. Problem ten jest jednak wyjątkowo trudny do zbadania dla rasy, że ruch odbywa się na granicy dwóch różnych mediów, wody i powietrza, a ich parametry w stosunku do ruchu statku są obciążone znaczącymi składnikami probabilistycznymi, a ponadto zmiennymi w czasie.

Podstawowym źródłem analizy żaglowca jest bez wątpienia znane opus Czesława Marchaja, zredagowane najpierw w języku angielskim (1964), polskim (1970), a później także niemieckim, uzupełnione o kolejne podręczniki i prace [9,10,11,12].

Marchaj przedstawił pełną analizę aerodynamiki żagli, opartą głównie na własnych pomiarach i badaniach w tunelach powietrznych. Przedstawił on efektywne metody matematyczne szacowania prędkości żaglowca w funkcji parametrów jego składników.

Pomiędzy pracami badawczymi przedstawionymi w ostatnich latach warto wspomnieć tu o przeglądzie J. Milgrama [1]. Jej temat znalazł faktyczne rozszerzenie w pracy R.M. Wilsona [2], które daje pełny obraz zjawisk fizycznych związanych z ruchem żaglowca. Interesujący komplementarny widok można znaleźć w pracy Hoffmana i Johnsona [3], w której autorzy starają się skupić złożone zjawiska wiatru i przepływu wody w sposób bardziej zrozumiały dla nie-specjalistów.

Z drugiej strony, od kilkudziesięciu lat w badaniach żeglarskich prowadzone są prace nad zastosowaniem techniki obliczeniowej w dziedzinie hydro- i aeromechaniki.

Wykorzystują oni doświadczenie zdobyte w CFD, Computational Fluid Dynamics, związane z corocznym budowaniem bazy danych zawierających empirycznie mierzone współczynniki aerodynamiczne żagli. Z tym wsparciem tworzone jest użyteczne oprogramowanie, zarówno do zastosowań profesjonalnych, dostępne tylko dla specjalistów, jak i programy ogólnego użytku (np. VPP - Velocity Prediction Program), nawet jako biblioteka MATLAB (gvpp). Te programy ogólnego zastosowania obejmują jednak dostęp do bazy danych współczynników aerodynamicznych żagli i wymagają wstępnej wiedzy o parametrach konstrukcji i ruchu żaglowca; działają one w trybie iteracji, korygując dane początkowe.

Ostatnio opublikowana została nowa innowacja w tej dziedzinie [4]. W wyniku szeroko zakrojonych wieloletnich badań, dane historyczne uzyskane na podstawie wyników testów zbiorników zostały połączone z nowymi badaniami wykorzystującymi narzędzia CFD do stworzenia nowej formuły. Niezbędna jest jednak znaczna moc obliczeniowa.

Lin Xiao i Jouffroy: On Motion Planning for Point - to - Point Maneuvers Class for Sailing Vehicles, Journal of Control Sciences and Engineering, Vol.2011, Article ID 402017.

W artykule Xiao i Jouffroya przedstawiono rozwiązanie równania ruchu dla pojazdu żaglowego. Termin opór oraz funkcja wejściowa są zmienne w szerokim zakresie czasowym i przestrzennym, dając obraz ruchu pojazdu podczas manewrów (zwroty i zużycie), gdy chwilowo znika siła działająca (z żagli). Rozwiązanie uzyskuje się za pomocą techniki właściwej dla teorii sterowania.

Rozważania przedstawione w poniższym opracowaniu przedstawiają następujące wyniki:
- Po pierwsze, za pomocą wykresów globu i wykresów kadłuba, prowadzą do podstawowych równań i wykresów sprawności żaglowca (patrz rys. 9 do 12);
- po drugie, aby uzyskać prostą i elegancką klasyfikację typów żaglowców (patrz wzory 7-11a i tabela 1 w tekście).

2 Śpiewa

W tekście używane są następujące zapisy - jeśli nie określono inaczej:

a-Wektor siły aerodynamicznej, rzut na powierzchnię wody wypadkowej wszystkich sił powstałych w wyniku przepływu powietrza wokół korpusu żaglowca. W indeksie podane są parametry powietrza.

av - rzut wektora siły aerodynamicznej na kierunek ruchu statku.

Kąt pomiędzy wynikową siłą aerodynamiczną a widocznymi wektorami wiatru. Jego maksymalna wartość w stopniach nazywana jest charakterystyką kątową statku.

Az-Angle A w sektorze pełnego wiatru, zmienna.

B - przejściowe, (inaczej mówiąc duże), dzielące sektor pełnych kursów wiatrowych od sektora kursów wiatrowych.

c-Chord koła wewnętrznego, łączący punkty tego koła wspólne z liniami stycznymi *1, 2*.

C- Współczynnik oporu .

E-kątownik pomiędzy wektorami *a, v*.

Kurs *F-Downwind*, gdzie wektory *r, v* są nałożone na siebie.

Kurs *graniczny G* , dzielący strefy martwe i żeglarskie.

h-Wektor siły hydrodynamicznej, rzut na powierzchnię wody wypadkowej wszystkich sił powstałych w wyniku przepływu wody wokół korpusu statku. W indeksie są określone parametry wody.

hv - rzut wektora siły hydrodynamicznej *h* na kierunek ruchu statku.

K - bezwymiarowa charakterystyka statku, zwana współczynnikiem zanurzenia.

M - Strefa zagłady ; część pełnego kąta, gdzie statek nie może dotrzeć do celu wzdłuż linii prostej.

Kurs M , na którym prędkość statku jest maksymalna w całej strefie żeglarskiej.

n-Efficiency of the ship, i.e. the ratio of its velocity to the velocity of the true wind.

o-Sektor żeglugi na nawietrznej, gdzie wektor siły aerodynamicznej nie może być nałożony na wektor ruchu statku.

O - kurs , na którym rzut wektora prędkości statku na kierunek prosto na wiatr przyjmuje wartość maksymalną.

p - rzut - na powierzchnię wody - wektora prędkości wiatru pozornego, wektorowa suma prędkości wiatru prawdziwego i właściwego.

P - Kurs statku względem rzeczywistego kierunku wiatru, tj. kąt pomiędzy wektorami *r, v,* biegun współrzędnych biegunowych, szczyt trójkąta prędkości wiatru.

r - rzut wektora prawdziwej prędkości wiatru, krewnych dna morskiego, na powierzchnię wody.

R - kurs statku w stosunku do rzeczywistego kierunku wiatru, czyli kąt pomiędzy wektorami *p*, *v*. (znaczenie pojęć; *p, P, r, R* - patrz rys. 1, 2 poniżej).

Sa-Sails powierzchowne .

Przeszkody na odcinku śródokręcia poniżej linii wodnej (LW).

v - rzut - na powierzchnię wody - wektora prędkości statku w stosunku do zakrętu morskiego.

w - rzut - na powierzchnię wody - wektor właściwej prędkości wiatru, równy wektorowi prędkości statku *v*, ale o przeciwnym kierunku.

z-Sektor żeglowania na pełnym wietrze, gdzie kierunek wektora siły aerodynamicznej jest nałożony na kierunek ruchu statku.

Kurs Z, na którym rzut wektora prędkości statku na kierunek wiatru osiąga wartość maksymalną.

3 Definicje

Poniżej sformułowano niektóre definicje związane z omawianą mechaniką ruchu żaglowca, które w aktualnej bibliografii i praktyce żeglarskiej nie są nakreślone lub są definiowane w inny sposób.

Krzywa biegunowa wykresu sprawności jest przyporządkowana do rzeczywistego kierunku wiatru, a nie jak to zwykle bywa w bibliografii - do kierunku przeciwnego.

Kurs statku to kąt pomiędzy prawdziwym kierunkiem wiatru a kierunkiem ruchu statku; tak zdefiniowany kurs różni się od zwykłego pojęcia bibliograficznego o kąt połowicznego wypełnienia.

Wszystkie możliwe kierunki ruchu statku na otwartym morzu tworzą pełny kąt, który można podzielić na dwie strefy: strefę *martwą* i *strefę żeglugi*. W pierwszym okręt nie może dotrzeć do celu po linii prostej, w drugim - strefie żeglugi - okręt może dotrzeć do celu po linii prostej. Strefa żeglarska podzielona jest na dwa sektory: *sektor ruchu wiatrowego*, w którym mokra część kadłuba może mieć pionowy plan symetrii - kąt przechyłu jest bliski zeru, oraz *sektor ruchu wiatrowego, w* którym kąt przechyłu jest odczuwalny, a kadłub musi mieć stępkę - stałą lub opadającą.

Kursy podstawowe:
kurs z wiatrem - początkowy, z miarą kątową 0°,
kurs przejściowy lub kurs powrotny, oddzielający *sektor wietrzny* od *sektora wietrznego,*
kurs graniczny, oddzielający martwą strefę od strefy żeglarskiej.

Określone kursy:
Kurs z wiatrem, kurs optymalny w sektorze z wiatrem,
kurs na nawietrzną, optymalny kurs w martwej strefie.

Żaglowiec (statek) jest to statek, utrzymywany na granicy dwóch płynów: powietrza i wody, w wyniku różnicy ich gęstości, i może zostać wprowadzony w ruch w wyniku działania różnicy prędkości ruchu tych płynów. Dwie główne części żaglowca to: sucha - powyżej poziomu wody, i mokra - poniżej. Na statku działają cztery główne *siły*. Dwa z nich są statyczne: *siła grawitacji przylegająca* do środka ciężkości statku, skierowana pionowo w dół, *siła wyporu przylegająca* w środku zanurzonej części kadłuba, skierowana pionowo w górę. Dwie inne siły są dynamiczne: *siła aerodynamiczna, generowana przez przepływ* powietrza przez żagiel i inne suche elementy statku, *siła hydrodynamiczna*, generowana przez przepływ wody na mokrej części statku.

4 Wprowadzenie

Uznajmy ruch żaglowca za jednolity, nieruchomy, prostoliniowy, na spokojnej wodzie, gdy suma wszystkich czterech sił (grawitacji, pływalności, aerodynamicznej i hydrodynamicznej) działających na statek jest zerowa. Siły statyczne (pierwsze dwa) określają plan pionowy. Siły dynamiczne (dwie ostatnie) muszą być umieszczone na tym samym planie; tworzą one moment przechylający, który jest równoważony przez moment prostujący sił statycznych. Składowa pionowa sił dynamicznych jest równoważona przez siłę wyporu. Oba momenty generują naprężenia skręcające w konstrukcji statku.

W poniższej analizie weźmiemy pod uwagę wyłącznie projekcje sił i prędkości na płaszczyźnie poziomej reprezentującej powierzchnię wody. W tym przypadku, rzut siły aerodynamicznej jest równy rzutowi siły hydrodynamicznej i leży na tej samej linii, ale z przeciwnym kierunkiem.

Główną cechą jakości statku jest jego wydajność, czyli stosunek osiąganej prędkości do prędkości wiatru. Wydajność statku jest zazwyczaj przedstawiana graficznie we *współrzędnych biegunowych.* Wektorem prawdziwego wiatru *r* (skierowanym do góry) jest *oś polarna,* a jego początek leży u początku układu współrzędnych. stanowi jego *biegun.* Wektor *v* prędkości statku jest przymocowany do *słupa.* Koniec tego wektora opisuje krzywą i jest jej *promieniem wiodącym.* Kąt pomiędzy wektorami *r*, *v* jest *amplitudą* wektora *v* i przedstawia kurs statku *P.* Jeżeli wektor *r* przedstawia prędkość prawdziwego wiatru, to wektor v opisuje krzywą prędkości statku. Jeśli wektor *r* posiada moduł 1, to wektor v opisuje krzywą efektywności. Żaglowiec jest głównie obiektem symetrycznym, dlatego też jego wykresy efektywności przedstawione są w bibliografii w domenach kątów półpełnych, podczas gdy w niniejszej pracy wykresy te rozszerzone są do domeny kątów pełnych.

Aby uprościć notację parametrów, indeksy są umieszczane w stałych pozycjach:

$$^{K}_{A}X_{P}$$

W miejscu X mogą być użyte symbole parametrów użytych w tekście i określonych przez definicje. W miejsce P, K, A mogą być użyte cyfry lub inne duże litery oznaczające określone kursy lub małe litery dla całych sektorów. Dla byłego:

$$^{0,125}_{80}n_{90}$$

oznacza: sprawność statku o charakterystyce kątowej 80° i współczynniku zanurzenia 0,125 na kursie 90°.

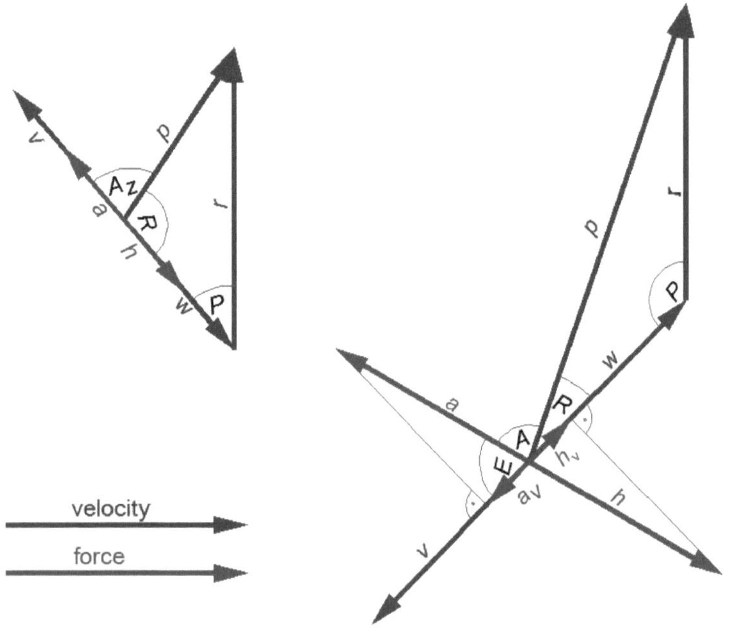

Rys. 1. Wektory w sektorze wietrznym

Rys. 2. Vektory w sektorze wiatrowym

ZAŁOŻENIA

1.Statek jest w ruchu jednostajnym i prostoliniowym.
2.Powierzchnia wody jest cicha (brak prądu, brak fal).
3.Żagle pracują optymalnie (z maksymalną wydajnością).
4.Statek płynie po równym stępce, bez przechyłu i przechylenia.
5.Ruch powietrza jest jednolitym polem wektorowym.
6.Współczynnik aerodynamicznej siły napędowej *Ca* stała pod dowolnym kursem *P*.
7. Współczynnik oporu hydrodynamicznego c_h jest stały pod każdym przebiegiem *P*.

Założenia 1, 2, 3 i 4 mogą być spełnione przy dogodnych warunkach żeglugi. Założenie numer 5 nie jest w żadnym wypadku spełnione. Założenie 6 jest spełnione tylko w sektorze wiatrowym. Założenie 7 jest spełnione tylko w sektorze wietrznym.

5 OGÓLNE RÓWNANIE NA SPRAWNOŚĆ ŻAGLOWCA

Jako wydajność *n żaglowca* nazywamy stosunek prędkości statku do prędkości prawdziwego skrzydła:

$$n = \frac{v}{r} \qquad (1)$$

$$n = \frac{w}{r} \qquad (1a)$$

gdzie *w* jest właściwa prędkość wiatru, równa *v*, ale w przeciwnym sensie.
Przyjrzyjmy się rzutom wektorów prędkości oraz siłom hydro- i aerodynamicznym na powierzchnię wody. (patrz Rys. 2).
Hydrodynamiczny
siła oporu, generowana na mokrej części kadłuba, zostanie opisana za pomocą znanego wzoru:

$$h_v = 0{,}5 \cdot \rho_h \cdot S_h \cdot C_h \cdot v^2 \qquad (2)$$

gdzie: ρ - gęstość cieczy i siła oporu aerodynamicznego wytworzona na suchej części statku:

$$a \; = 0{,}5 \cdot \rho_a \cdot S_a \cdot C_a \cdot p^2 \qquad (3)$$

Siła aerodynamiczna powstaje w wyniku przepływu powietrza przez żagiel[1] przez wiatr pozorny. Wektor tej siły może być zmniejszony od wektora wiatru pozornego o kąt A < 90°. Siła napędowa $_{av}$ statku jest rzutem całej siły aerodynamicznej a na kierunek ruchu:

$$a_v = a \cdot \cos E \quad (4)$$

i powinien być równy sile oporu w wodzie:

$$a_v = h_v \quad (5)$$

Umieszczając tutaj formuły (2), (3), (4) otrzymujemy:

$$0{,}5 \cdot \rho_{a\cdot} \cdot S_a \cdot C_a \cdot p^2 \cdot \cos E = 0{,}5 \cdot \rho_{h\cdot} \cdot S_h \cdot C_h \cdot v^2$$

---

[1] Dla uproszczenia pominięto siłę oporu aerodynamicznego wytwarzaną na suchej części statku - z wyjątkiem żagli.

Stąd:

$$p^2 = \frac{\rho_h \cdot S_h \cdot C_h \cdot v^2}{\rho_a \cdot S_a \cdot C_a \cdot \cos E} \qquad (6)$$

albo:

$$p^2 = \frac{\rho_h}{\rho_a} \cdot \frac{S_h}{S_a} \cdot \frac{C_h}{C_a} \cdot \frac{v^2}{\cos E} \qquad (7)$$

Dla skrócenia, proszę wprowadzić symbole:

$$K_A = \frac{\rho_h}{\rho_a} \quad (8)$$

$$K_B = \frac{S_h}{S_a} \quad (9)$$

$$K_C = \frac{C_h}{C_a} \qquad (10)$$

$$K = K_A \cdot K_B \cdot K_C \quad (11)$$

Gdzie:

KA - bezwymiarowa charakterystyka obszaru.
KB - bezwymiarowa charakterystyka budowy żagla Statek.
KC - bezwymiarowa siła dynamiczna Charakterystyczna.
K - bezwymiarowa charakterystyka żaglowca, lub współczynnik zanurzenia.

Podczas gdy analiza będzie prowadzona graficznie, jedynym powodem wprowadzenia takiego podziału jest uzyskanie, w analizie graficznej, możliwego do wykonania i ewentualnego ujednolicenia rozdzielenia linii graficznych. Jako typy nazywamy serie statków, dla których liczba *K* jest określona przez (11a). Statek typu $t = 6$, $K = 1$, nazywany jest standardem. Statki z $K < 1$ będą nazywane lekkimi, podczas gdy te z K > 1 będą nazywane ciężkimi. Obliczenia dla typu standardowego ($K = 1$) przedstawione są tuż pod tabelą 1. Ponadto do bardziej szczegółowej analizy, przedstawionej w dalszej części tekstu, wybrano jednego przedstawiciela dla dwóch typów statków: statku lekkiego o $t = 3$, $K = 0{,}125$ i ciężkiego o
$t = 9, K = 8$.

Przykładowe obliczenie *K* dla standardowego statku:
Dla K_A: gęstość słonej wody ρh = 1020 kg/m3,
gęstość powietrza ρa = 1,25 kg/m3 [5, str.19], ρh / *ρa* = 1020 / 1,25 = 816
W przypadku *KB*: dla dużego, kwadratowego statku o olinowanego można znaleźć w
bibliografia [6, str.616], $KB = S_h / S_a = 1 / 30 = 0{,}0333$
Dla *KC* z [5, tabela.8.1, pozycja 18 i 22] jeden odczyt:
$C_h = 0{,}0508$, $C_a = 1{,}42$, stąd: $KC = C_h / C_a = 0{,}0508 / 1{,}42 = 0{,}0358$
i wreszcie $K = K_A \cdot K_B \cdot K_C = 0{,}974 \approx 1$
Wszystkie trzy liczby K_A , *KB* , *KC* są niezerowe i dodatnie, więc ich produkt *K* musi być również dodatni.

Tabela 1. Podział żaglowców według typów

typy		Maks. wydajność przy współczynniku kątowym *A*				Reprezentanci	*A*	Max. *v*
	t	85°	60°	45°	0°			Kno-ts
Światło	1	8,442	1,867	1,333	0,878	Lód- -Łodzie	85°	135
	2	6,690	1,754	1,266	0,824	Windsurf Tablice	85°	50
	3	4,758	1,573	1,158	0,825	Katamaranowi	85°	40

						e, trymar		
	4	3,087	1,325	1,158	0,676	Łodzie wyścigowe - stępki	85°	30
	5	1,924	1,050	0,838	0,631	Raceboats w. sztylet	88°	20
Std.	6	1,212	0,795	0,664	0,500	Jacht turystyczny - - stępki	80°	15
Heavy	7	0,788	0,587	0,513	0,414	Jacht turystyczny z °dagger.	80°	10
	8	0,528	0,430	0,389	0,333	Reefed Żagiel	45°	7
	9	0,362	0,313	0,291	0,261	Żaglowce w sztormie	7°	2
	10	0,252	0,227	0,216	0,200	Tratwy z żaglem	30°	1,5
	11	0,177	0,164	0,158	0,150	Ratowanie życia, boje	0°	0,5

Domena wartości liczbowych K jest nieskończona, specyficzny wybór jej wartości został dokonany, aby spełnić w dowód dyskusji. Niech t będzie liczbą dla konkretnego typu żaglowca, ograniczoną do 11 przykładowych typów. Niech relacja pomiędzy t i K będzie w formie arbitralnej, przedstawionej we wzorze (11a). Określone w ten sposób typy zostały opisane w tabeli 1.

$$K = 2^{(t-6)} \qquad (11a)$$

Powyżej zastosowano wartości średnie dla tych parametrów, dając w rezultacie standardową wartość K. Dla każdego statku liczba K będzie się zmieniać w pewnym zakresie, ale może być określona z wystarczającą dokładnością, biorąc pod uwagę wpływ czynników zewnętrznych, takich jak: pogoda, morze, wiatr, stopień

naładowania, rzeczywista powierzchnia żagli, chropowatość mokrego kadłuba, kąty przechyłu i przechylenia i inne.
Wracając do równania (7) w formie skróconej:

$$p^2 = K \cdot \frac{v^2}{\cos E} \quad (12)$$

Z trójkąta prędkości *p, r, w* (rys. 2), używając wzoru cosinusowego, mamy:

$$p^2 = r^2 + v^2 - 2rv\cos P \quad (13)$$

Porównując prawe strony równania (12) i (13) i dzieląc przez *r2,*
następnie
zastępując równanie (1) otrzymujemy ogólne równanie ruchu
żaglowca:

$$\left(\frac{K}{\cos E} - 1\right) \cdot n^2 + 2n\cos P - 1 = 0 \quad (14)$$

Prawdziwy pozytywny korzeń tego równania daje wzór na wydajność *n:*

$$n = \frac{1}{\cos P + \sqrt{\cos^2 P - 1 + \dfrac{K}{\cos E}}} \quad (15)$$

Jest to ogólne określenie sprawności statku w odniesieniu do rzeczywistej prędkości wiatru na kursie *P*.

6 Wydajność na kursach z wiatrem

Sektor z wiatrem to segment strefy żeglarskiej, ograniczony przez kursy: z wiatrem i szerokim zasięgiem:

$$F \leq P_z < B$$

Żegluga w tym sektorze charakteryzuje się sytuacją, w której siła aerodynamiczna zmysłu zgadza się z ruchem statku *w zmysłach* (patrz rys. 1), lub:

$$E_z = 0; \quad \cos E_z = 1 \quad (16)$$

Eqn. (14) przedstawia ruch równania statku w sektorze wietrznym:

$$(K-1) \cdot n_z^2 + 2\cos P_z \cdot n_z - 1 = 0 \quad (17)$$

Wydajność statku w sektorze wietrznym jest podstawą eqn. (17) i przybiera formę:

$$n = \frac{1}{\cos P + \sqrt{\cos^2 P - 1 + K}} \quad (18)$$

Dla kursu z wiatrem w dół $Pz = 0$; $\cos Pz = 1$ i sprawność równa się:

$$n_F = \frac{1}{1+\sqrt{K}} \quad (19)$$

Przekształcając ten formularz. (19) obliczamy współczynnik zanurzenia na kursie z wiatrem:

$$K_F = \left(\frac{1}{n_F} - 1\right)^2 \quad (20)$$

lub w formie, w jakiej występują prędkości, które mogą być mierzone bezpośrednio:

$$K_F = \left(\frac{p_F}{v_F}\right)^2 \qquad (21)$$

Na przykład na kursie na wiatr, przy $pF = 8$, $vF = 4$, uzyskuje się $KF = 4$.

7 Globusowy wykres

Korzenie kwadratu (17) we współrzędnych biegunowych (*n, Pz*) są punktami umieszczonymi na krzywej drugiego stopnia. Krzywa ta jest łukiem koła, którego środek znajduje się na osi biegunowej, a jej równanie ma formę:

$$n^2 - 2n\cos p \cdot m + m^2 = u_2^2 \qquad (22)$$

gdzie (patrz rys. 3)

u2 - promień okręgu

Dla *Pz*= 0 eqn. (17) ma postać kanoniczną:

$$n^2 - 2n\frac{1}{1-K} + \frac{1}{1-K} = 0 \qquad (22a)$$

Porównując równania (22) i (22a) widzimy to:

$$m = \frac{1}{1-K} \qquad (23)$$

m - odległość od środka okręgu do początku układu współrzędnych

i..:

$$m^2 - u_2^2 = \frac{1}{1-K} \quad (23a)$$

albo:

$$u_2 = \frac{\sqrt{K}}{1-K} \quad (24)$$

Stąd wniosek, że krzywa (17) jest okręgiem o promieniu *u2* zgodnie z (24). Odległość pomiędzy środkiem tego okręgu a początkiem układu współrzędnych jest równa wielkości *m* po formie. (23). Możliwe ujemne wartości wskazują, że odległość ta może mieć sens przeciwny do sensu osi biegunowej.

Zastępując do równania (18) wartości *K* dla typowych żaglowców po
Tab.1. otrzymujemy zestaw linii składający się z dwóch skupisk łuków, jednego dla *K < 1 i* drugiego dla K > *1. Łuki* te są fragmentami okręgów, których środki znajdują się na osi biegunowej P = 0 *w* odległości m *od* masztu. Oś biegunowa będzie nazywana *południkiem zerowym, gdzie* punktem (0, 0°) jest biegun *południowy* **P**, a punktem (1, 0°) biegun *północny* **W**. Łuki znajdują się w stosunku do odcinka prostopadłego dzielącego *zero południka* na połowę. Segment ten jest nazywany *równikowym* i stanowi wykres równania dla konkretnego przypadku *K* = 1.

Łuki poniżej *równika będą* nazywane *paralelami na południe*, a te powyżej - *paralelami na północ.*

Równoleżniki południowe (dla *K* > 1) są mimośrodowe w stosunku do bieguna południowego, a północne (dla K < *1*) są mimośrodowe w stosunku do bieguna północnego.

Przecięcie tych łuków z południkiem zerowym pojawi się w pewnej odległości od bieguna południowego, co jednocześnie oznacza sprawność statku na kursie z wiatrem (25).

$$n_F = \frac{1-\sqrt{K}}{1-K} \quad (25)$$

Jeżeli *K* jest liczbą dodatnią, to *nz* w stosunku do *równika* opisuje dwa łuki symetryczne, o promieniu *u2* równym promieniowi wynikającemu z liczby *K* i jej odwrotności 1/K, albo mamy równość:

dla K<1 $$(u_2 = \frac{\sqrt{K}}{1-K} 2 \quad 6)$$

dla K>1 $$u_2 = \frac{\sqrt{\frac{1}{K}}}{1-\frac{1}{K}} \quad (2\quad 7\ )$$

co może być odnotowane:

$$^{K}u_2 = {}^{1/K}u_2 \quad (27a)$$

Kąt odchylenia siły aerodynamicznej od wektora pozornego wiatru nie może być większy niż kątowa charakterystyka *A* statku i z tego powodu zakres podobieństw będzie określony łukami południków okręgów. Południki to odcinki okręgów, których wspólną akordem jest oś biegunowa. Środki okręgu znajdują się na linii równikowej, a ich promienie wyznacza wzór

$$u_1 = \frac{1}{2\sin A} \qquad (28)$$

Środki kół są umieszczone w punkcie O1 (*n, P*) o współrzędnych:

$$n = \frac{1}{2\sin A}; \qquad P = 90° - A \quad (29)$$

Odległości środków kół łuków południkowych od południka zerowego są następujące:

$$O_1S = 2\,\text{ctg}\,A \quad (29a)$$

Rys. 3 ilustruje zależność pomiędzy trójkątem wiatrów (wektory *p*, *r*, *w*) a sprawnością przykładowego statku lekkiego o parametrach A=75° i *K* = 0,125 w sektorze wietrznym. Poszczególne segmenty reprezentują:

NR - krzywa efektywności w sektorze wietrznym

PW= *r* = *1* - oś biegunowa, zero południkowe, akord południkowy

Koła

PR = *nB* = *c* - sprawność na kursie *B,* cięciwa koła wewnętrznego

WR= *p* - wektor widocznej wygranej

Δ PRW - trójkąt wiatrowy

PN = nF- sprawność na kursie z wiatrem

O1R= *u1*- promień południka

O1S - odległość środka łuku południka PRW od południk 0° na równiku

O2R = *u2* - promień równoległości

O3R = *u3*- promień okręgu wewnętrznego

O2P = *m*- odległość od środka okręgu równoległego do słupek.

Promień okręgu u1 w punkcie R jest styczny do okręgu o promieniu *u2*, co oznacza, że promienie te są prostopadłe do siebie. Dlatego też oba okręgi przecinają się w punkcie R pod kątem prostym, który jest warunkiem *sine qua non*[2] siatki Wulffa.

Znajomość współczynnika ciągu *K* i *A* jest wystarczająca do wyznaczenia krzywej efektywności w sektorze z wiatrem.

Napiszmy równanie południkowe we współrzędnych biegunowych.

Dla koła przechodzącego przez słup (PRW na Rys. 3):

$$\rho^2 - 2\rho \cdot \rho_0 \cdot \cos\left(\varphi - \varphi_0\right) + \rho_0^2 = R^2 \tag{30}$$

[2] Zgodnie z [7, s. 618] siatki Wulffa są stosowane do rozwiązywania problemów w trygonometrii sferycznej, w astronawigacji, pod nazwą siatki azymutalnej - do przekształcania współrzędnych równikowych na poziome, w krystalografii - do mapowania kryształów.

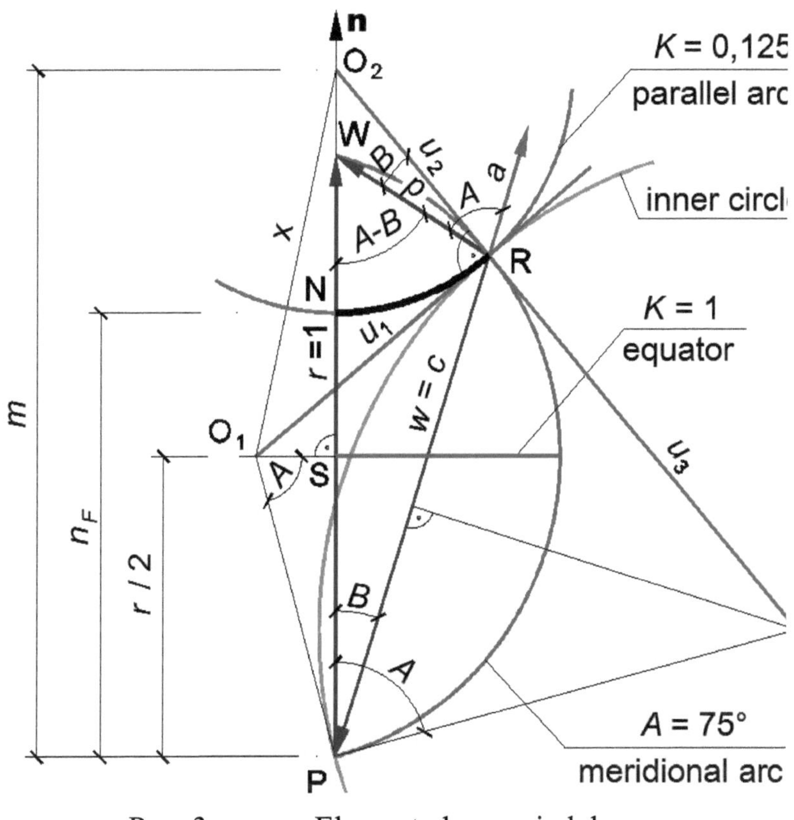

Rys. 3. Elementy krzywej globu

gdzie z rys. 3:

ρ = PR = $n\lambda$ - promień wiodący meridialnego PRW
$\varphi = P$ - amplituda promienia wiodącego

$\rho 0$ = O1R = $\dfrac{1}{2\sin A}$ - promień wiodący środka koła PRW

$\varphi 0$ = 90° - A- amplituda środka okręgu PRW

Stąd: $\cos(\varphi - \varphi_0) = \sin(A + P_z)$

Zgłaszając się do eqn. (30) otrzymujemy:

$$n_\lambda^2 - n_\lambda \frac{\sin(A + P_z)}{\sin A} = 0$$

Prawdziwy pozytywny korzeń dla *Pz* < 90° jest:

$$n_\lambda = \frac{\sin(A + P_z)}{\sin A} \quad (30a)$$

lub w formie:

$$n_\lambda = \cos P_z + \sin P_z \cdot \operatorname{ctg} A \quad (30b)$$

Wzory (30a, 30b) są równaniami łuków południkowych, które ograniczyły domenę łuków równoległych określonych przez formę. (18)

Rys. 4 przedstawia wykresy wydajności statku w sektorze z wiatrem na prawą lub lewą burtę, dla A co 15° i K dla wszystkich typów statków po Tab. 1. Obraz tego diagramu jest podobny do obrazu globu, stąd konwencjonalna nazwa diagramu globu. Rys. 3 i 4 przedstawiają krzywą efektywności NR dla przykładowego statku lekkiego o parametrach A = 75° i K = 0,125. Odcinek linii prostej PR reprezentuje sprawność na kursie, która jest równa kątowi NPR. Kąt ten wydaje się być maksymalnym kursem na wiatr dla analizowanego statku, tj. kursem przejściowym pomiędzy sektorami wietrznym i wiatrowym.

Wykres globu jest podobny do siatki Wulffa, z wyjątkiem wymiarowania równoleżników, które są opisane współczynnikami zanurzenia zamiast szerokością geograficzną (w stopniach).
Wykres globusu można przekształcić w wykres Wulffa stosując zamiennik do formularza. (18) tak aby odległość podobieństw w osi

biegunowej była równa odległościom przyznanym We get the cluster of circles
reprezentujące paralele, zastępujące wyrażenie równorzędne (18):

$$K = \mathrm{tg}\,\frac{90^\circ \pm \varphi}{2} \qquad (31)$$

wykorzystując dla części północnej $0 \leq \varphi \leq 90^o$, a dla części południowej $-90^o \leq \varphi \leq 0$.były równe odległościom przyznanym sieciom Wulffa.

Dlatego:

$$n_\varphi = \frac{1}{\cos P + \sqrt{\mathrm{tg}\,\frac{90^\circ + \varphi}{2} - \sin^2 P}} \qquad (31a)$$

Gromada kół reprezentujących południk zostanie uzyskana zastępując $A = \lambda$ do kwadratu (30).

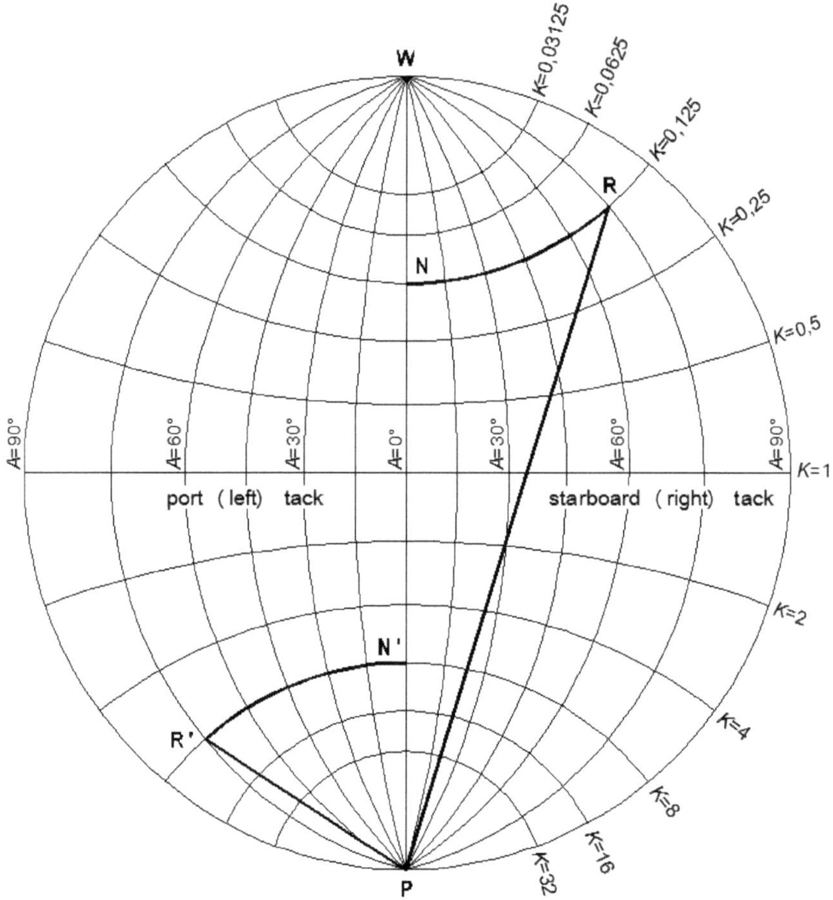

Rys. 4. Podobieństwa ograniczone południkami określają wydajność żaglowca przy różnych charakterystykach K i A

CECHY CHARAKTERYSTYCZNE KRZYWYCH GLOBU

Krzywe globu we współrzędnych biegunowych są to zbiory punktów o współrzędnych (*nz, Pz*).
Są to prezenty w domenach: $-B < P < B,\ 0 \leq$ Az $< Amax$, K > 0.
Tworzą one dwie pary skupisk łuków kołowych, para zwana równoległą i druga płacąca zwana południkową przecina się pod kątem prostym.
Obie pary skupisk są symetryczne w stosunku do dwóch segmentów, wzajemnie prostopadłych: osi biegunowej zwanej południkową 0° i symetrycznej osi biegunowej zwanej równikową.
Oś biegunowa jest wspólnym akordem dla krzywych południkowych. Środki łuków ich kół są umieszczone na równiku. Ich odległości od południka 0° są podane przez formularz. (29a), ich promienie są podane w formularzu (28).
Środki łuków równoleżników są umieszczone na prostej linii biegunowej w odległości od bieguna podanej przez formę. (23), ich promienie są podane w formularzu (24).
Łuki okręgów równoległych zależą od parametru *K*.
Łuki okręgów meridialnych zależą od parametru *A*.
Odcinek łuku równoległego z parametrem k pomiędzy południkiem z parametrem *A* stanowi wykres sprawności żaglowca o parametrach *K* i *A* na sektorze wiatrowym.

DOPASOWANIE ELEMENTÓW KRZYWYCH GLOBUSU

Wydajność w sektorze wietrznym: $$n_z = \frac{1}{\cos P_z + \sqrt{K - \sin^2 P_z}}$$

Wydajność w pełnym kursie wiatru: $$n_F = \frac{1}{\sqrt{K} + 1}$$

Promień okręgu krzywej południkowej: $$u_1 = \frac{1}{2\sin A}$$

Współrzędne środka okręgu południkowego, portowego (lewego) tack: $$\left(\frac{1}{2\sin A}, \quad 90° - A\right)$$

Współrzędne środka okręgu południkowego, sterburty (prawej): $$\left(\frac{1}{2\sin A}, \quad 270° + A\right)$$

Promień okręgu o krzywej równoległej: $$u_2 = \left|\frac{\sqrt{K}}{1 - K}\right|$$

Współrzędne środka okręgu równoległego: $$\left(\frac{1}{1 - K}, \quad 0°\right)$$

8 Wydajność żaglowca na kursie przejściowym

Kurs przejściowy jest taki, na którym kąty pomiędzy wektorami wiatru pozornego *p* i siły aerodynamicznej *a* osiągają maksymalną wartość *A*. Dalszy wzrost kąta kursu (do lufu, bliżej wiatru), kierunek siły napędowej *a* nie będzie pokrywał się z kierunkiem ruchu statku *v* i te dwa wektory będą odchylać się pod kątem *E* (patrz rys. 2). Jednocześnie, wykres wydajności opisany w równaniu (14) będzie się zmieniał na wykresie opisanym w równaniu (36). Zmiana równań, tj. zmiana stanu ruchu z jednego stanu na drugi, wymaga przejścia przez granicę pomiędzy tymi dwoma stanami. Ta granica, niech będzie nazywana kursem przejściowym, jest podpisana symbolem *B*.

Na Rys. 3, kąt WRO2 = *B,* kąt pomiędzy cięciwą RW a styczną O2R jest równy kątowi RPW. Kąt O2RP =*180°* - *(A* - *B),* czyli:

$$\sin \mathrm{PRW} = \sin(A - B)$$

Zgodnie z twierdzeniem Snelliusa, z ΔPRW, dostajemy:

$$\frac{n_B}{\sin(A - B)} = \frac{1}{\sin A}$$

To znaczy:

$$n_B = \cos B - \sin B \cdot \operatorname{ctg} A \quad (32)$$

1. Dalej, od twierdzenia Sinelliusa oΔ *MPR*:

$$\frac{u_2}{\sin B} = \frac{m}{\sin(A-B)}$$

To znaczy:

$$\frac{\frac{\sqrt{K}}{1-K}}{\sin B} = \frac{\frac{1}{1-K}}{\sin(A-B)}$$

Przeorganizowanie otrzymujemy

$$\text{ctg}B = \frac{1+\sqrt{K}\cos A}{\sqrt{K}\sin A} \qquad (33)$$

$$\sin B = \frac{\sqrt{K}\sin A}{\sqrt{1+2\sqrt{K}\cos A + K}} \qquad (33a)$$

$$\cos B = \frac{\sqrt{K}\cos A + 1}{\sqrt{1+2\sqrt{K}\cos A + K}} \qquad (33b)$$

Wprowadzając do równania (32) formuły (33, 33a, 33b) i przestawiając, otrzymujemy:

$$n_B = \frac{1}{\sqrt{1+2\sqrt{K}\cos A + K}} = c \qquad (34)$$

Dlatego:

$$\sin B = c\sqrt{K}\sin A \quad (34a)$$

$$\cos B = c\cdot\left(\sqrt{K}\cos A + 1\right) \quad (34b)$$

Sprawność na kursie *B,* tj. *nB* przedstawiono na rys. 3 jako boczny PR trójkąta PRW (zaprojektowany przez literę *w*). Ta strona jest cięciwą okręgu wewnętrznego, która łączy biegun układu współrzędnych P z punktem R, Ten punkt R jest punktem styczności okręgu wewnętrznego z okręgiem równoległym NR.

9 Wydajność żaglowca na kursach na nawietrzną

W sektorze nawietrznym *E* jest to kąt pomiędzy występami na powierzchni wody cosinusoidy wektora siły aerodynamicznej, a tym wektora ruchu statku (Rys. 2). Jego kosinezja przybiera formę:

$$\cos E = \frac{\cos(P - A) - n\cos A}{\sqrt{n^2 - 2n\cos P + 1}} \qquad (35)$$

Zastępując formularz. (35) do eqn. (14) i przestawienie, które otrzymujemy:

$$K^2 n^4 - \left(n^2 - 2n \cdot \cos P + 1\right) \cdot \left[n \cdot \cos A - \cos(P - A)\right]^2 = 0 \qquad (36)$$

Ten równanie (36) nazywane jest **równaniem powłoki.** Prawdziwe pozytywne korzenie równania powłoki spełniają nierówności:

$$n_{inn} \leq n \leq n_{out} \qquad (37)$$

Gdzie:

ninn - promień wiodący wewnętrznego okręgu,
nout - promień wiodący okręgu zewnętrznego.

$$n_{inn} = \frac{\cos(P - A)}{\sqrt{K} + \cos A} \quad (38)$$

$$n_{out} = \frac{\cos(P - A)}{\cos A} \quad (39)$$

Pkt. (38) zawiera opis wewnętrznego okręgu o średnicy:

$$d_{inn} = \frac{1}{\sqrt{K} + \cos A} \quad (40)$$

natomiast w równaniu (39) podany jest opis zewnętrznego okręgu o średnicy:

$$d_{out} = \frac{1}{\cos A} \quad (41)$$

Używaj±c funkcji (38) i (39) możemy okre¶lić rzeczywisty dodatni korzeń eqn. (36) dla danych warto¶ci *P*, *A*, *K* z konieczn± dokładno¶ci± dowoln± metod±, np. przez iteracje.

10 Wykres powłoki

Weźmy pod uwagę zbiór punktów (*n*, *P*) we współrzędnych biegunowych, gdzie *n* to rzeczywiste dodatnie korzenie równania (36), a *P* to kąty w dziedzinie kąta półpełnego: $90° - A \leq P \leq 90° + A$ Tak więc przyjmując *n* jako promień wiodący, a P jako amplitudę, otrzymujemy na obszarze płaszczyzny krzywą ciągłą i zamkniętą, która będzie nazywana **krzywą powłoki**. Te krzywe powłoki dla niektórych przykładowych wybranych wartości *A* i *K* przedstawiono na rys. 5, 6, 7, 8. Krzywa muszli jest funkcją czwartego stopnia i różni się od jednej ze znanych funkcji jak ślimak Pascala, kardioidy, owal Cassiniego czy lemniscenty.

CECHY CHARAKTERYSTYCZNE KRZYWYCH POWŁOKI

1. Krzywe powłoki, we współrzędnych biegunowych, s± to zbiory punktów (*n, P*), które s± prawdziwymi dodatnimi korzeniami równania (36); Tutaj *n* jest promieniem prowadz±cym, a *P* jest amplitud±.
2. Ich domena to: $A - 90^o \leq P \leq A + 90^o$; $0^o \leq A \leq 90^o$; $K > 0$.
3. Znajdują się one wewnątrz mimośrodowego pierścienia utworzonego przez kręgi wewnętrzne i zewnętrzne.
4. Kręgi wewnętrzne i zewnętrzne mają jeden wspólny punkt w biegunie, przy czym pierwsza styczna pokazuje amplitudę $P = A \pm 90^o$.
5. Centra obu okręgów są umieszczone na pół prostej linii na amplitudzie $P = A$
6. Przy punkcie o współrzędnych (*c*, *B*) mijamy styczne z kołem wewnętrznym, krzywą równoległą i drugą styczną
7. Są one wypukłe z wyjątkiem $K < 0{,}125$ w sektorze $0 < P < 20^o$, jak na rys. 6.

8. Symetrią pasa *c* jest dwusieczna kąta pomiędzy stycznymi *1*, *2*.
9. Na tym symetrycznym akordzie *c znajduje się* środek wewnętrznego okręgu.
10. Oś biegunowa na odcinku (0, 0°); (1, 0°) jest cięciwą koła zewnętrznego.
11. Dla $A = 0^o$ krzywa jest symetryczna w stosunku do osi biegunowej.
12. Dla $A = 90°$ krzywa jest styczna do osi biegunowej.

13. ${}^{0}n_F = 1$

14. ${}^{\infty}n = 0$

15. ${}^{1}B = 0{,}5A$

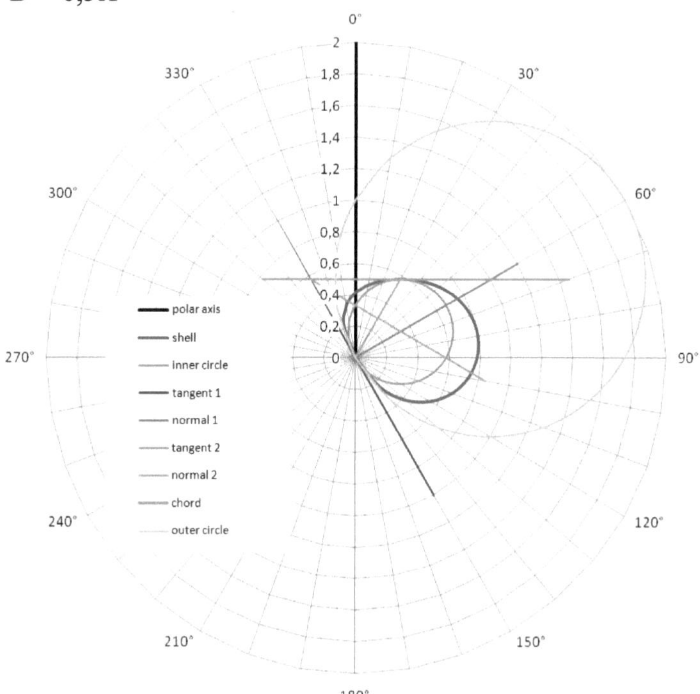

Rys. 5. Krzywa łuku dla standardowego żaglowca ($K = 1$) przy $A = 60°$

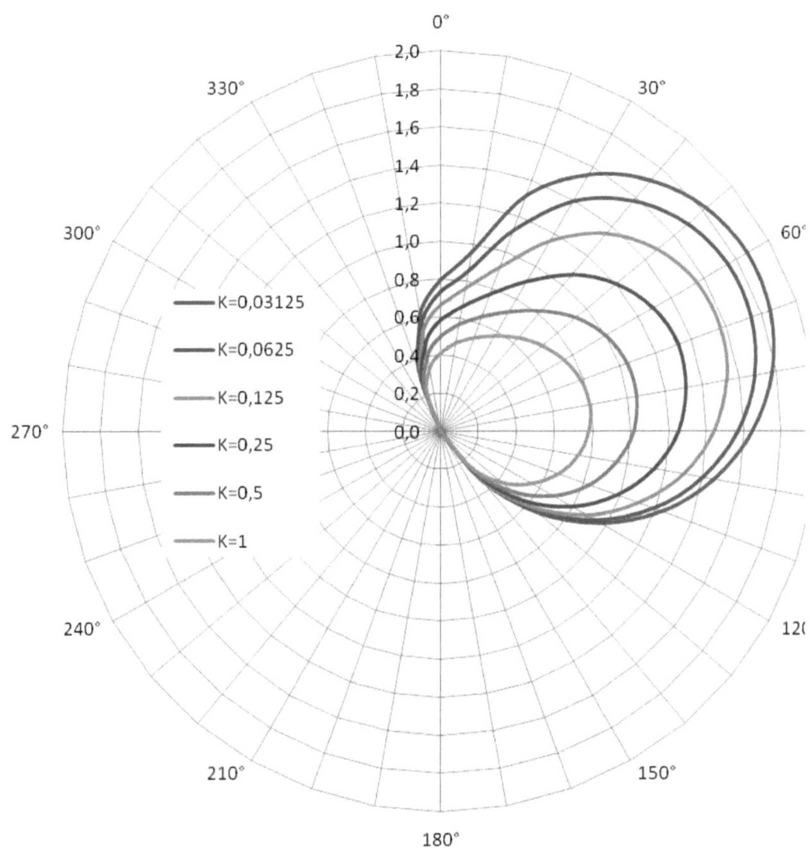

Rys. 6. Schemat kadłuba dla lekkich żaglowców przy $A = 60°$

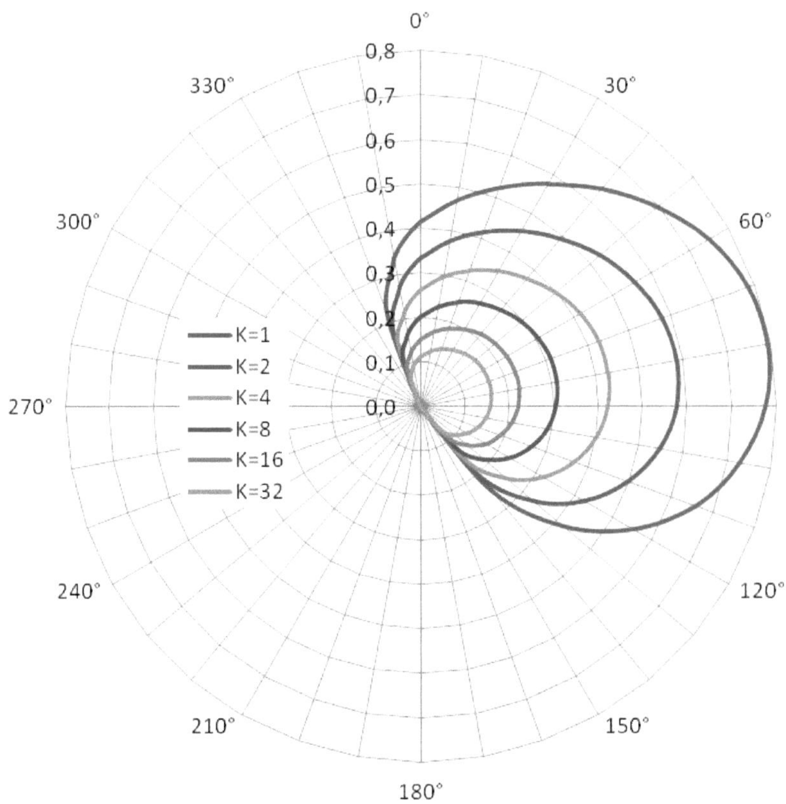

Rys. 7. Schemat kadłuba dla ciężkich żaglowców przy $A = 60°$

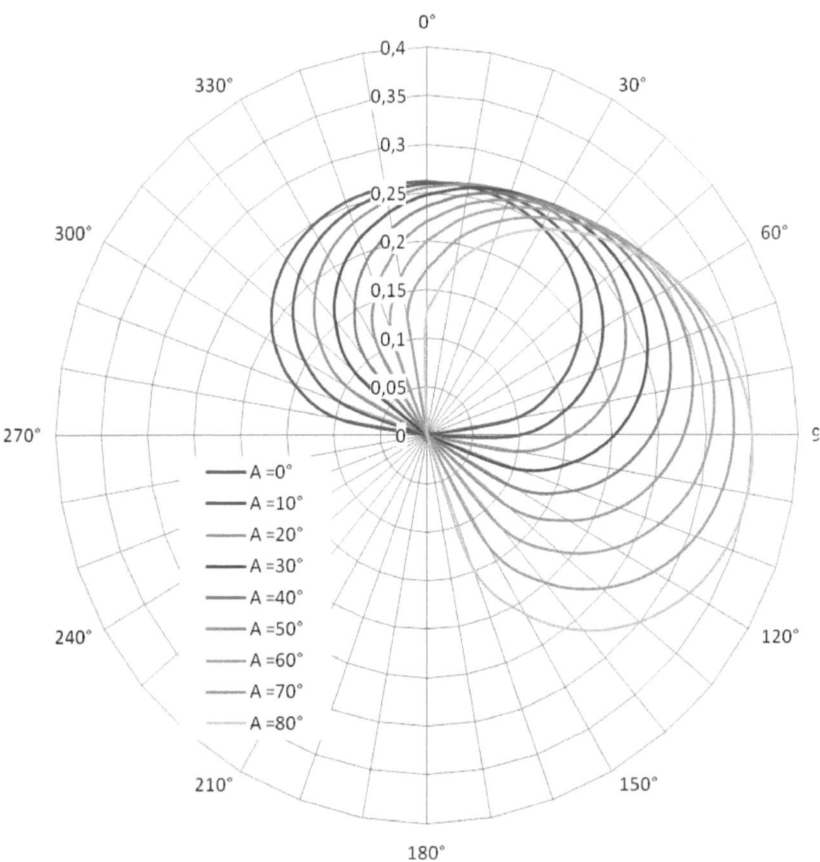

Rys. 8. Schemat kadłuba dla typowego żaglowca ciężkiego

($K = 8$)

DOPASOWANIE ELEMENTÓW SCHEMATU POWŁOKI

Promień wiodący okręgu zewnętrznego:	$n_{out} = \dfrac{\cos(P - A)}{\cos A}$
Średnica koła zewnętrznego:	$d_{out} = \dfrac{1}{\cos A}$
Promień wiodący wewnętrznego okręgu:	$n_{inn} = \dfrac{\cos(P - A)}{\sqrt{K} + \cos A}$
Promień wiodący wewnętrznego okręgu:	$d_{inn} = \dfrac{1}{\sqrt{K} + \cos A}$
Długość cięciwy okręgu zewnętrznego, początek w słupie:	$n = 1$
Amplituda akordu koła zewnętrznego:	$P = 0$
Symetria akordu koła zewnętrznego:	$n_{dout} = \dfrac{1}{2\cos P}$
Długość akordu koła wewnętrznego, początek na biegunie:	$n_B = \dfrac{1}{\sqrt{1 + 2\sqrt{K}\cos A + K}} = c$
Amplituda akordu wewnętrznego koła:	$\cos B = c\left(\sqrt{K}\cos A + 1\right)$
Symetria wewnętrznego okręgu:	$n_{dinn} = \dfrac{c}{2\cos(P - B)}$
Prosta, na której umieszczono środek dwóch kółek:	$P = A$
Pierwszy styczny do obu kręgów na	$P = A \pm 90°$

biegunie:	
Druga styczna w punkcie (*c*, *B*):	$n_{ds} = \frac{c \cdot \cos(A - B)}{\cos(P + A - 2B)}$
Punkt styczności drugiej stycznej do wewnętrznego kręgu:	$n_B = c; \quad P = B$
Odległość drugiej stycznej do słupa:	$d = c \cdot \cos\left(A - B\right)$
Kąt pomiędzy styczną dwusieczną a dwusieczną:	łuk cos (*c* - grzech *A*)

Podstawowe równanie efektywności statku obejmuje cały sektor żeglarski. Jest to funkcja nie elementarna i jest określana oddzielnie dla dwóch sektorów:
- dla sektora wietrznego przez eqn. (17) w domenie $F \leq P_z < B$,
- dla sektora wiatrowego przez eqn. (36) w domenie $B < P_o < G$.

11 Podstawowy wykres sprawności żaglowca

Podstawowy wykres sprawności statku jest tworzony przez połączenie wykresu sprawności w sektorze wietrznym, czyli wykresu globusowego, z wykresem sprawności w sektorze wietrznym, czyli wykresem kadłuba. Schematy te łączą się w punkcie przejścia *(c, B)*. Oba zostały omówione powyżej.

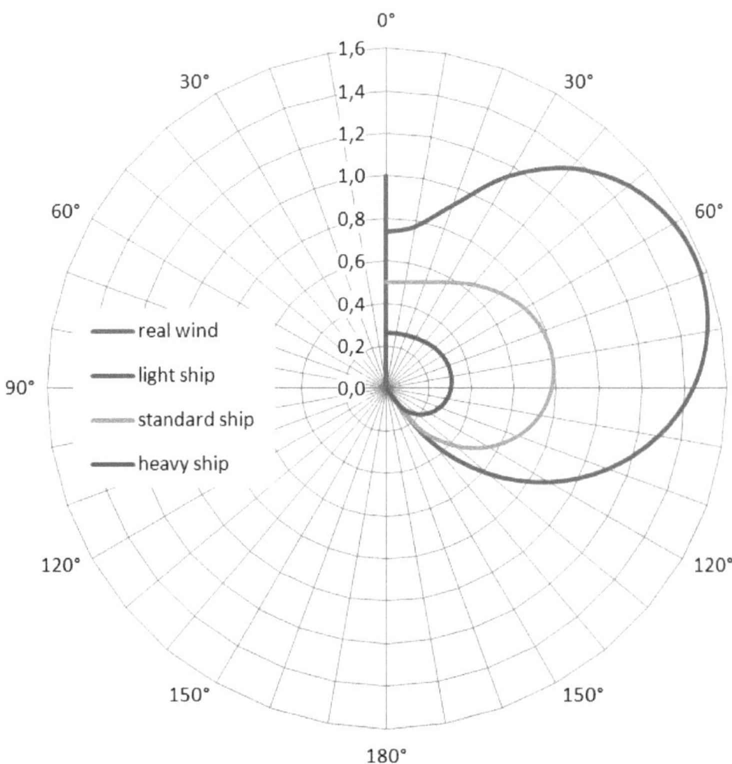

Rys. 9. Krzywe podstawowe dla typowych żaglowców na prawej burcie (prawej), przy $A = 60°$.

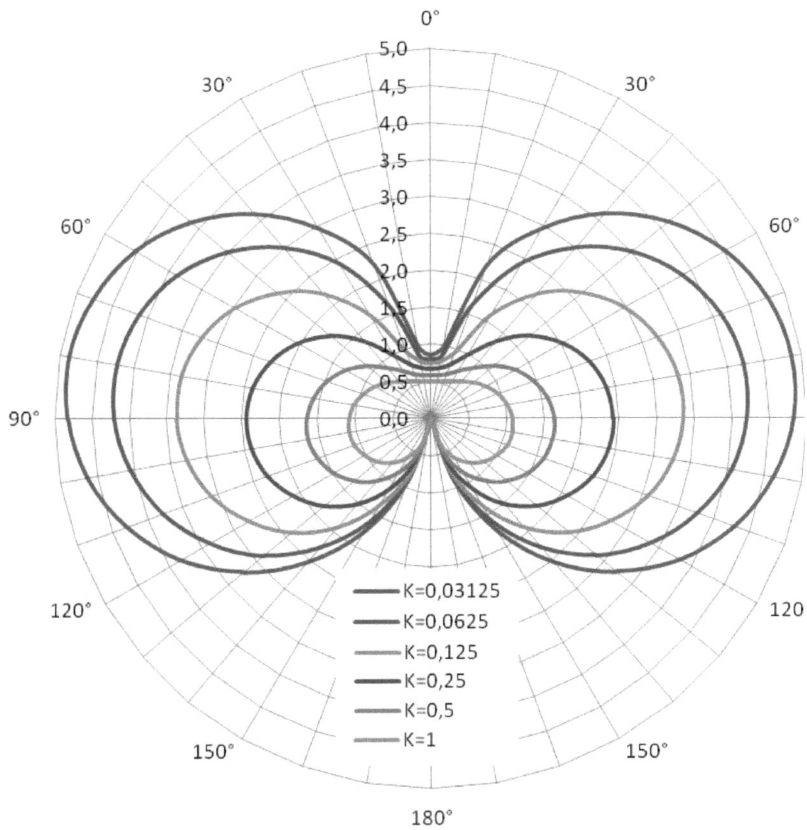

Rys. 10. Podstawowe krzywe sprawności dla lekkich żaglowców przy $A = 80°$

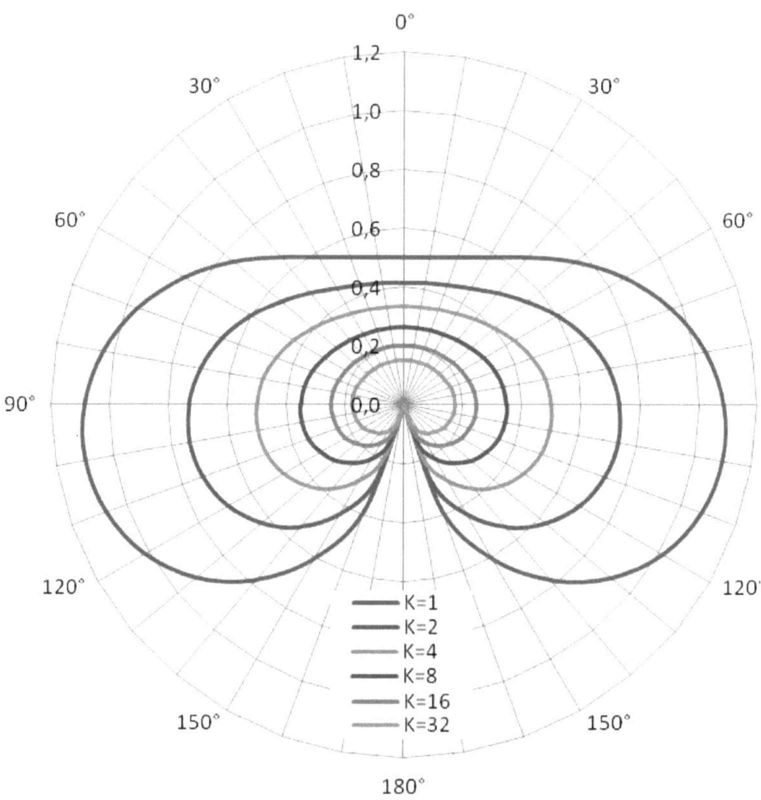

Rys. 11. Podstawowe krzywe sprawności dla ciężkich żaglowców przy $A = 80°$

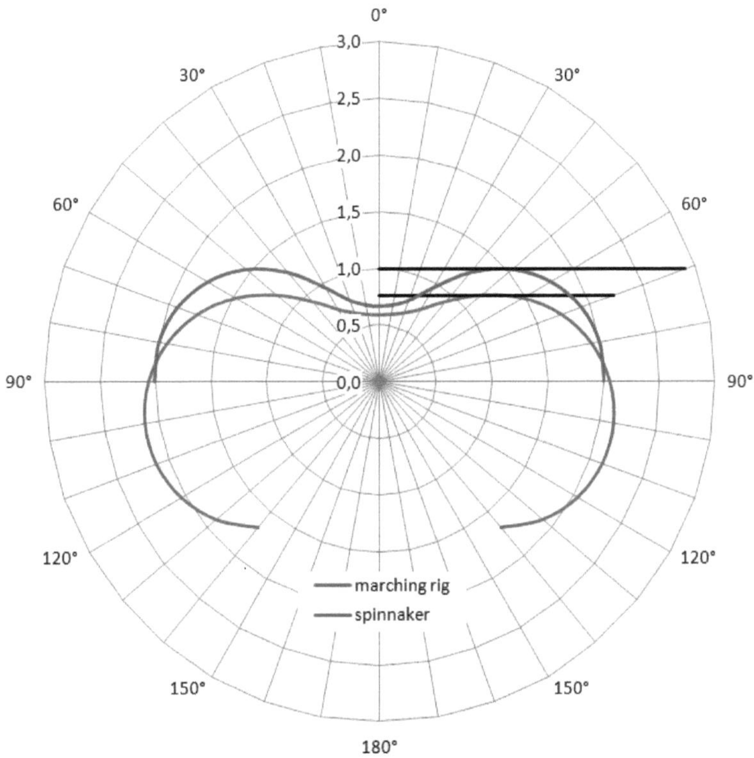

Rys. 12. Krzywe sprawności dla statku $K = 0,5$; $A = 88°$ i dla spinakera $K = 0,25$; $A = 75°$.

Krzywa podstawowa została stworzona przy założeniu, że we wszystkich sektorach żeglarskich $F \leq P \leq G$ wielkości A i K są stałe. W rzeczywistości zarówno A, jak i K są zmiennymi i zależą od wielu czynników, między innymi od wielkości kąta P. *W celu* uzyskania prawdziwej krzywej sprawności statku konieczne jest skorygowanie krzywej podstawowej o współczynniki korygujące, których wartości można zmierzyć lub obliczyć.

Najważniejsze poprawki to:

Wpływ prędkości i kąta natarcia na współczynnik *C*.
Część oporu aerodynamicznego w funkcji kursu *P*.
Zderzenie przy kącie przechyłu przy spadku aerodynamicznym siła i moment obrotowy.
Wpływ nurtu wody i fal.

Skorygowana krzywa może być wykorzystana do określenia optymalnego kursu, a także na stopniu budowy statku do obliczenia momentów przechyłowych, powierzchni wodolotów, określenia punktów mocowania żagli i innych elementów wpływających na efektywność statku. Wielkość różnic między krzywą rzeczywistą a krzywą podstawową zależy od ogólnej jakości statku i jego załogi, a także od poprawności zastosowanych korekt.
Z rys. 9 możemy odczytać, że w sektorze wiatrów wiejących w dół następujące zależności są skuteczne:

dla lekkich statków: $Z > B$

dla standardowych statków: $Z = nz \cos Pz$

dla ciężkich statków: $Z = F$

Co oznacza, że aby jak najszybciej osiągnąć cel leżący na kursie z wiatrem, statek lekki powinien zejść w dół, a statek ciężki prosto do celu na kursie P = 0°.

Znajomość algorytmów opisujących wydajność statku na poszczególnych kursach w odniesieniu do kierunku wiatru pozwala na określenie wyników podjętych decyzji, a ignorancja w tej kwestii i oparcie się na właściwej intuicji może prowadzić do błędnych decyzji. Jako przykład rozważmy porównanie ruchu lekkiego statku (łodzi regatowej) z i bez spinakera. Porównanie wykresu 12 z wykresem podanym w [8, strona 432, wykres 1]. Z tego ostatniego wykresu wynika, że zamiast stawiać spinakera lepszy kurs z wiatrem będzie 0°, tak jak gdyby statek został przebudowany z typu lekkiego na ciężki. Przeciwnie, z powyższej analizy wynika, że lekki okręt, schodzący w dół, powiedzmy o parametrach K = 0,5, A = 880, przy spinakerze o powierzchni równej tej, jaką ma normalny żagiel, zmieni swoje parametry na: K=0,25, A = ^{750}, a sprawność wzrośnie, jak pokazano na krzywej na rys. 12. Najszybszym kursem Z przed użyciem spinakera jest taktowanie na kursach ± 53°. Jednak w przypadku spinakera lepszy kurs będzie wynosił ± 490.

12 Aplikacje

Przedstawione powyżej zasady dotyczące ruchu obiektu stałego na granicy pomiędzy dwoma płynami o różnych gęstościach nie mogą ograniczać się do powietrza i wody, ale z pewnością mogą znaleźć zastosowanie w żegludze na różnych poziomach, jak np:

1. Konstrukcja żaglowców.
2. Porównanie osiągalnej prędkości z możliwą.
3. Opracowanie precyzyjnej formuły kompensacyjnej dla niepełnosprawności.
4. Opracowanie systemu treningowego dla taktyki wyścigowej.
5. Wybór szybkiego i bezpiecznego sposobu.
6. Opracowywanie gier o tematyce żeglarskiej
7. Prace ratownicze na morzu.

13 Bibliografia

[1] Milgram J.H.: Mechanika płynów *do projektowania statków żeglarskich*, Przegląd roczny mechaniki płynów, **30** (1998), 613

[2] Wilson R.M.: *The Physics of Sailing*, http://grizzly.colorado.edu/~rmw/files/papiery/fizyka żeglarstwa.pdf, 2010

Hoffman J., Johnson C..: *Matematyczna teoria żeglarstwa*, http://www.csc.kth.se/~cgjoh/theory ofsailing.pdf, 2009 r.

[4] http://www.sail-world.com/index.cfm?Nid=103566, 2012, http://www.orc.org/index.asp?id=41, 2013

[5] Bukowski J.: *Mechanika płynów* {*Mechanics of fluids*}, PWN, Poznań 1959

[6] Doerffer I. et al.: *Poradnik okrętowca* {*Ship engineer handbook*}, tome 2, *Teoria okrętu* {*Theory of a ship*}, WM, Gdynia1960.

[7] Bańkowski Z. et al.: *Poradnik fizyko-chemiczny* {*Physical-chemical Handbook*}, WNT, Warszawa 1962

[8] Czajewski J.: *Encyklopedia żeglarstwa* {*Sailing Encyclopaedia*}, PWN, Warszawa 1996

[9] M. J. Kozłowski *Mechanika ruchu żaglowca* {Mathematica Applicanda}, Wrocław 2014.

10] C. A. Marchaj, "Sailing Theory and Practice", Adlard Coles Ltd 1964

[11] C. A. Marchaj, Aero-hydrodynamika żeglarstwa, Adlard Coles Nautical,

[12] C. A. Marchaj, Sail performance: techniques to maximize sail power, Adlard Coles Nautical, 2003,

[13] C. A. Marchaj, Seaworthiness: the forgotten factor, International Marine Publishers, 1986.

Printed by Books on Demand GmbH, Norderstedt / Germany